DISCOURS

SUR LE PROGRÈS

DE LA BOTANIQUE

AU JARDIN ROYAL DE PARIS,

SUIVI D'UNE INTRODUCTION

A LA CONNOISSANCE DES PLANTES,

PRONONCEZ A L'OUVERTURE

DES DEMONSTRATIONS PUBLIQUES,

le 31 May 1718.

Par ANTOINE DE JUSSIEU, *Docteur-Regent en la Faculté de Medecine de Paris, de l'Academie Royale des Sciences, Démonstrateur des Plantes, & Professeur pour l'Explication de leurs vertus au Jardin du Roy.*

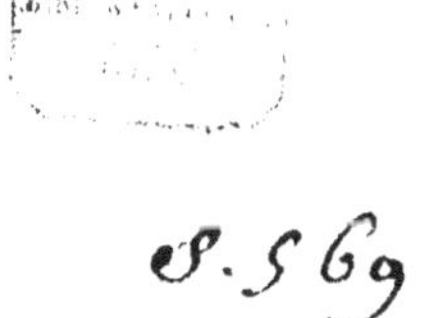

A PARIS,

Chez ETIENNE GANEAU, rue S. Jacques, vis-à-vis la Fontaine
Saint Severin, aux Armes de Dombes.

M. DCC XVIII.

AVEC PERMISSION.

A MONSIEUR

MONSIEUR GOIFFON,

DOCTEUR EN MEDECINE

DE LA FACULTÉ DE MONTPELIER,

Aggregé au College des Medecins, & Echevin de Lyon.

ONSIEUR,

Depuis neuf ans que je fais au Jardin Royal les fonctions de Professeur en Botanique, je me reprochois de n'avoir encore eu aucune occasion de vous donner une marque publique de ma reconnoissance. Il ne pouvoit s'en presenter de plus naturelle que celle de vous offrir le premier Discours préliminaire de mes Démonstrations, que je me suis trouvé obligé de mettre moi-même au jour, dans la crainte qu'une petite Introduction à la connoissance des Plantes qui l'a suivie, n'y parût peut-être défigurée, parcequ'on auroit pû la donner sans ma participation. Recevez donc, je vous prie, MONSIEUR, les prémices des fruits de mes Etudes de Botanique, comme un Present qui vous est dû par plus d'un titre. C'est vous qui avez excité & perfectionné en moi le goût que j'ai eu dès l'enfance pour la Botanique ; c'est vous qui après m'avoir initié, pour ainsi dire, dans la Medecine, m'avez remis à Montpelier entre les mains du celebre Professeur, que nous avons aujourd'hui l'avantage de voir à notre tête, en qualité d'Intendant du Jardin Royal ; c'est vous auquel je dois la protection & la faveur de feu Monsieur Fagon, qui sur le témoignage des herborisations que j'avois faites avec vous, m'honora d'une place à laquelle le merite de mon Prédecesseur m'auroit détourné de jamais penser. C'étoit, MONSIEUR, la moindre chose que je pusse vous presenter pour tant de bons offices, qu'un aveu solemnel des obligations dont je vous suis redevable, & du respect avec lequel je serai toute ma vie,

MONSIEUR,

Votre très humble & très
obéïssant Serviteur,
DE JUSSIEU.

DISCOURS
SUR LE PROGRÈS
DE LA BOTANIQUE
AU JARDIN ROYAL DE PARIS.

Messieurs,

Les pertes fucceſſives que nous venons de faire ſi près l'une de l'autre, de deux Surintendans de ce Jardin, ſembleroient plutôt aujourd'hui exiger de moi un Eloge de ces deux grands Hommes, qu'une ſuite de mes Diſcours ſur la connoiſſance & ſur l'uſage pratique des Plantes. Mais comme le bon ordre qui regne ici depuis tant d'années, duquel nous ſommes redevables au premier (1), & que nous nous promettions de voir durer par la vigilance, & par la probité du ſecond (2), ſi Dieu lui eût donné le tems d'effectuer ſes projets, comme ce bon ordre, dis je, feroit une des principales parties de leur Eloge, je penſe que ce ſera ſatisfaire en quelque maniere à ce devoir general, & à celui que la reconnoiſſance m'impoſe en particulier dans cette occaſion, que de vous rappeller les commencemens de la Botanique en cette Ecole, pour les comparer à cet état de perfection dans lequel nous l'y voyons à preſent.

(1) M. Fagon, Premier Medecin de Louis XIV, conſervé par une Déclaration du 18 Septembre 1715, de Louis XV, dans la Surintendance du Jardin Royal, à cauſe des longs & aſſidus ſervices rendus au feu Roy ſon Biſaycul ; mort le 12 Mars 1718.

(2) M. Poirier, Premier Medecin de Louis XV, mort le 30 du même mois & de la même année.

Lorfque fous François I. les Lettres commencerent à re-
naître en France, la Botanique fut regardée comme une
des Sciences les plus neceffaires à cultiver. Les Sçavans de
ce fiecle-là s'imaginant qu'on ne pouvoit aller plus loin que
Theophrafte, Diofcoride & Pline l'avoient fait, fe conten-
toient alors de fe fervir des lumieres qu'ils avoient acquifes
dans la Langue Grecque, pour trouver dans ces Auteurs
une Hiftoire naturelle complete.

C'étoit dans le cabinet que fe faifoient ces Differtations
fur le difcernement des genres & des efpeces de Plantes,
& fur le détail de leurs proprietez ; tout ne fe paffoit prefque
entre Ruel (3), Goupil (4) & Sarrazin (5), qu'en des verifi-
cations & des traductions plus ou moins exactes des anciens
manufcrits de ces premiers Botaniftes.

Il eft furprenant que tant de Sçavans euffent peine à fe
convaincre, que le grand Livre dans lequel la Botanique
doit s'étudier, fût la Nature même ; il falut que Pierre
Belon (6), en leur rapportant des Plantes qu'il avoit deffi-
nées, & des graines qu'il avoit recueillies dans fes Voyages
du Levant, commençât à leur apprendre que ces Anciens,
qu'ils regardoient comme leurs Maîtres, avoient été fi peu
exacts, qu'ils avoient obmis dans leur Hiftoire une infinité
de Plantes de leur propre pays.

Charles de l'Eclufe, connu fous le nom de *Clufius* (7),
comptant peu fur la connoiffance qui s'acquiert feulement
dans la lecture des Livres de Botanique, donna un Exemple
de la maniere d'y faire plus de progrès, par la peine qu'il
prit d'aller obferver en Efpagne, en Portugal, en Allemagne
& en Hongrie, les Plantes de ces pays-là. Et quoique Dale-

(3) Jean Ruel de Soiffons, Chanoine de Notre-Dame, & Medecin de la Faculté
de Paris, a donné une Traduction Latine & élegante des fix Livres de Diofcoride,
& un Traité de la nature des Plantes, tiré en partie des anciens Auteurs ; il eft mort
en 1537.

(4) Goupil, Poitevin, Docteur en Medecine de la Faculté de Paris, Auteur d'un
Traité fur les differentes Leçons de Diofcoride, pour en rétablir le texte ; mort
en 1560.

(5) Janus-Antoine Sarrazin, Medecin de Lyon, a publié une Verfion Latine de
Diofcoride, avec beaucoup de variantes tirées de la comparaifon de divers manufcrits de l'original Grec ; il eft mort en 1598.

(6) Pierre Belon du Mans, Docteur en Medecine, Auteur de plufieurs Voyages &
Obfervations naturelles faites dans le Levant, fleuriffoit au milieu du quinziéme
fiecle.

(7) Charles de l'Eclufe, natif d'Arras, Docteur en Droit & grand Botanifte, mort
en 1609.

champ (8) qui vivoit presque dans le même tems, n'eût guere parcouru que le territoire de Lyon, les montagnes du Dauphiné, & quelques autres parties du Royaume, il jugea neanmoins que pour surpasser ces premiers Naturalistes, il étoit necessaire d'avoir une communication avec des Observateurs de differens pays, capable de suppléer aux voyages qu'il n'étoit pas en état d'entreprendre.

On comprit dès lors de quelle importance il étoit de faciliter l'étude de la Botanique, par des Recueils de Plantes vivantes tirées des differens pays où elles naissent, & cultivées dans un même enclos.

Henry IV. donna à Jean Robin le soin de cultiver (*a*) à Paris dans un jardin particulier, celles que quelques Voyageurs curieux avoient apportées des parties de l'Amerique où nous avions des Colonies.

Mais comme c'étoit proprement dans des lieux que des Ecoles de Medecine rendoient celebres, que ces ramas de Plantes vivantes paroissoient plus necessaires, ce fut ce qui détermina ce grand Prince à faire construire à Montpelier en 1598, le Jardin auquel cette Faculté doit la plus grande partie de sa réputation. Richier (9) qui en étoit Vice-Chancelier, en eut la direction, dans laquelle le sieur de Belleval son neveu lui succeda en 1633.

Un nouveau zele qui se redoubla pour la Botanique dans l'esprit des François, ne fut pas le seul fruit de la construction de ce Jardin ; divers particuliers voulurent imiter, autant qu'il leur fut possible, l'art de cultiver chez eux, & même de donner par écrit des descriptions historiques des Plantes rares qu'ils possedoient. Ce fut ce qui porta Paul Reneaume (10) à décrire celles qu'il avoit élevées ou cueil-

---

(8) Jacques Dalechamp, natif de Caën en Normandie, Medecin à Lyon, Auteur d'une Histoire generale des Plantes, mort en 1587.

(*a*) Avec une petite pension.

(9) Pierre Richier fut secondé dans l'établissement du Jardin Royal des Plantes de Montpelier, par André Dulaurens Chancelier de l'Université de Medecine de Montpelier, & Premier Medecin d'Henry IV.

Michel Chycoigneau, aussi Chancelier de cette Université, a été pourvû de l'Intendance de ce Jardin après Messieurs de Belleval.

M. François Chycoigneau son fils, Conseiller à la Chambre des Comptes, Aydes & Finances de Montpelier, lui a succedé dans ces trois Dignitez, dont il allie parfaitement bien les fonctions.

(10) *Pauli Renealmi Blasensis, Doct. Med. specimen Historia Plantarum, Parisiis 1611, in 4°. cum figuris aneis.* Il étoit bisayeul de M. Reneaume, Medecin de la Faculté de Paris, & l'un des Botanistes de l'Academie Royale des Sciences.

lies dans les environs de Blois où il étoit Medecin. Cornuti (11) Docteur en Medecine de la Faculté de Paris, mit au jour, quelques années après, son Histoire des Plantes de Canada, qu'il avoit élevées à Paris.

Il auroit été honteux que des Villes de Province, & que des particuliers même eussent eu chez eux un avantage dont la Capitale du Royaume auroit été privée. Guy de la Brosse (12) Medecin ordinaire du Roy, homme très versé dans la matiere medecinale, representa cet inconvenient avec tant d'instance à Louis XIII, qu'en 1626 il obtint du Roy un Edit (a) qui sur les motifs de la santé du Peuple, & de l'instruction des Etudians en Medecine, François & Etrangers, portoit l'établissement de ce Jardin, & des fonds necessaires pour le construire & l'entretenir. Il fut même celui à qui M. Herouard alors Premier Medecin, en remit, sous le bon plaisir du Roy, l'Intendance & la direction.

Le recouvrement des fonds pour conduire à sa perfection cette entreprise, dans laquelle il fut favorisé par le Cardinal de Richelieu, par le Chancelier Seguier, & par M. de Bullion Surintendant des Finances, la clôture du lieu, la disposition de son terrain, & l'amas du plus grand nombre de Plantes qu'il fut possible de faire venir de toutes parts pour les y élever dans la situation qui leur est convenable, furent le travail de dix années, au bout desquelles Guy de la Brosse fit part au Public d'un (b) Catalogue de plus de deux mille Plantes que contenoit ce Jardin : Espece d'invitation generale pour la démonstration publique qu'il y préparoit, & qu'il y fit pour la premiere fois en 1640 (c).

(11) *Jacobi Cornuti, Doct. Med. Paris. Canadensium Plantarum, aliarumque nondum editorum Historia, Parisiis* 1635, *in* 4°. *cum figuris.* Il étoit fort ami de Robin.

(12) Guy de la Brosse, originaire d'une bonne Famille de Bretagne, & petit-fils d'un Medecin ordinaire d'Henry IV.

(a) Cet Edit est inseré aux Traitez intitulez de la Nature, Vertu & Utilité des Plantes, & Dessein d'un Jardin Royal pour la culture des Plantes Medecinales, par Guy de la Brosse, Medecin ordinaire du Roy. A Paris 1628, *in* 8°.

(b) Intitulé Description du Jardin des Plantes Medecinales, établi par le Roy Louis le Juste à Paris, contenant le Catalogue des Plantes qui y sont à present cultivées, avec le Plan de ce Jardin, par Guy de la Brosse, Medecin ordinaire du Roy, & Intendant du Jardin Royal des Plantes. A Paris 1636, *in* 4°.

(c) L'ouverture du Jardin Royal de Paris pour la Démonstration des Plantes, par Guy de la Brosse, Medecin ordinaire du Roy, Intendant du Jardin Royal, & Démonstrateur de ses Plantes. A Paris 1640, *in* 12 brochure.

Tout

Tout concouroit à fuivre l'intention de l'utilité publique qu'avoit Louis XIII. M. Bouvard (*a*) fucceffeur de M. Herouard en la Charge de Premier Medecin, appliqua une partie des revenus que ce Prince avoit attachez à ce Jardin, à des penfions en faveur de trois Profeffeurs principaux, Docteurs en Medecine, l'un defquels ne s'appliqueroit qu'à enfeigner les vertus des Plantes ; l'autre, les principes de leur compofition ; & le troifiéme, leurs differentes préparations : Exercices qui ne regardoient que l'interieur des Plantes, tandis qu'un Démonftrateur les indiqueroit au Jardin & à la campagne, Office qui ne concernoit que leur exterieur.

Pour mettre même à profit les talens de ceux qui dans le Royaume avoient acquis quelque habileté dans cette Science, on tira d'un jardin particulier de Paris, Vefpafien fils de Jean Robin (13) celebre Fleurifte fous Henry IV, pour aider Guy de la Broffe, non feulement dans la culture des Plantes, mais encore pour lui fervir de fous-Démonftrateur.

La curiofité de Gafton Duc d'Orleans, qui avoit confié à M.rs Marchant (14), Brunier (15), Laugier (16) & Moriffon (17), la conduite d'un jardin celebre qu'il avoit établi dans fon Château à Blois ; cette curiofité, dis-je, fervit auffi d'émulation pour réveiller la negligence de deux Premiers Medecins (*b*) fucceffeurs de M. Bouvard, lefquels par le choix de

(*a*) M. Bouvard, Medecin de la Faculté de Paris.

(13) Les Robin font connus dans la Botanique par un Catalogue de Plantes, intitulé *Enchiridion ifagogicum ad facilem notitiam ftirpium tam indegenarum quam exoticarum. Hæ coluntur in horto D. D. Joannis & Vefpafiani Robin, Botanicorum Regiorum. Parifiis in* 8°. 1624. brochure.

(14) Nicolas Marchant, natif de Paris, le premier Botanifte que ce Prince attacha à fon fervice, & le premier qui foit entré à l'Academie Royale des Sciences pour cette partie de l'Hiftoire naturelle & de la Phyfique ; il étoit pere de l'illuftre Academicien qui eft occupé à la continuation de l'Hiftoire des Plantes commencée par l'Academie.

(15) Brunier, Medecin de Son Alteffe Royale, c'eft lui qui de concert avec M. Marchant, a dreffé le Catalogue de l'*Hortus Regius Blefenfis*, imprimé à Paris en 1653 en un petit in folio.

(16) Laugier, Profeffeur en Medecine à Aix en Provence, qui par le goût particulier qu'il avoit pour la Botanique, & pour les autres parties de l'Hiftoire naturelle, avoit auffi merité la confiance de ce Prince. C'eft lui qui avoit élevé M. Magnol, Auteur du *Botanium Monfpelienfe*, dans la connoiffance des Plantes,

(17) Robert Moriffon, Ecoffois, Docteur en Medecine, connu par fes Ouvrages de Botanique, & fur-tout par fon *Hortus Regius Blefenfis auctus*, imprimé à Londres en 1664, *in* 8".

(*b*) Meffieurs Vautier, & Vallot.

quelques fujets (*a*) bien differens des premiers pour remplir la place de Démonftrateur, avoient prefque laiffé perdre tout le fruit de cet établiffement.

L'un d'eux (*b*) piqué d'honneur de voir d'habiles Botaniftes ailleurs qu'au Jardin Royal, tira de celui de l'Abbaye Saint Germain des Prez, Jonquet Medecin de la Faculté de Paris, connu par un Catalogue (*c*) fort ample des Plantes qu'il y cultivoit, publié en 1659. Il comptoit par là rallumer le zele qui fe ralentiffoit ici, foit pour la culture, foit pour la démonftration.

Mais le foin n'en eut pas plutôt été confié à M. Fagon(18), quoiqu'encore jeune Docteur, que ce Jardin recouvra fon premier luftre, ce ne fut plus qu'à fon accroiffement & à fon ornement qu'il employa tout le goût qu'il y avoit pris pour la Botanique. Non content d'y voir les Plantes de differens pays, il voulut lui-même s'inftruire dans les Sevennes, fur le Mont d'or en Auvergne, dans le Languedoc, aux Pyrennées & aux Alpes, de l'état & du port naturel qu'elles y ont: Et quelque mediocre que fût alors fa fortune, il tranf-porta de là, à fes dépens, les Plantes qu'il fçavoit manquer au Jardin. Pour en rétablir la dignité & les Exercices, il y fuppléa lui feul aux fonctions de Démonftrateur, de fous-Démonftrateur, & de Profeffeur des principes des Plantes. Il étendit même l'objet de ce dernier Emploi en ajoûtant à fon reffort les recherches phyfiques fur la nature des Mineraux & des Animaux: objet qui depuis ce tems a demeuré fixe à cette ancienne place de Profeffeur de l'interieur des Plantes, changée en celle de Profeffeur de Chymie.

(*a*) M. Vautier fit fupprimer les Exercices des deux Profeffeurs pour l'Examen de l'interieur des Plantes, & fubftitua à leurs fonctions celles d'enfeigner au Jardin du Roy la Chymie & l'Anatomie. Cette derniere y eft devenue confiderable par le brillant éclat que lui a donné le celebre M. Duverney, qui s'en acquite fi dignement depuis plus de trente années. Ce n'eft pas que M. Vautier n'eût en ce changement une très bonne intention par rapport à l'inftruction du Public ; mais comme il étoit peu touché du zele de fes Prédeceffeurs pour la Botanique, il ne parut fous lui aucun Démonftrateur de reputation.

(*b*) M. Vallot fit dreffer par Meffieurs Jonquet, Gavois, & Morin, Docteurs en Medecine de la Faculté, & par M. Fagon qui étoit alors fort jeune, un Catalogue des Plantes qui fe trouvoient au Jardin Royal, & prefenta au Roy ce Catalogue, qui a pour titre, *Hortus Regius, Pars prior. Parifiis 1665. in fol.*

(*c*) *Dionyfii Joncquet, Medici Parifienfis, Hortus feu Index Onomafticus Plantarum quas excolebat Parifiis annis* 1658 & 1659, imprimé *in* 4°. à Paris en 1659.

(18) Guy-Crefcent Fagon étoit petit-neveu de Guy de la Broffe du côté de fa mere. Il naquit même au Jardin du Roy, & y fut élevé, quoique dès l'âge de cinq ans il eût perdu fon oncle. Il fut reçu Docteur en Medecine de la Faculté de Paris en 1664.

Ce fut à la réputation que lui acquirent ſes Leçons publiques, où l’on accouroit de toutes parts, qu’il dut les differens
poſtes(*a*)honorables par leſquels il paſſa à la Cour, avant que
d’arriver à celui de Premier Medecin de Louis XIV. Bien
que ce nouveau poſte ſemblât lui devoir faire oublier ce lieu,
qui pour ainſi dire étoit celui de ſa naiſſance, il marqua au
contraire combien il lui étoit cher, par le zele qu’il eut d’y
parler encore lui-même, par la bouche du ſçavant M. de
Tournefort, auquel il parut avoir inſpiré ſon eſprit en l’y
ſubſtituant à ſa place. Quels progrès ne lui doit point la
Botanique dans le choix du plus excellent ſujet qui ait encore paru, puiſqu’il ſçut fixer les principes d’une ſcience qui
juſqu’alors n’avoient été que très vagues ?

Les divers voyages qu’il lui fit entreprendre dans les Pays
les plus reculez, pour en rapporter une infinité de Plantes
rares & nouvelles ; les Editions(*b*)Françoiſe & Latine de ſes
Elemens de Botanique, dont il perſuada au feu Roy de faire
la dépenſe ; le commerce qu’il lia avec les amateurs de Plantes diſperſez dans tous les coins de la terre, & les liberalitez
du Prince le plus magnifique qui fut jamais, qu’il faiſoit ré-
pandre ſur ceux qui contribuoient en quelque choſe à l’ac-
croiſſement de ce Jardin, furent les voyes dont il ſe ſervit,
pour que le Roy ſon maître en tirât tout l’honneur qui lui
étoit dû, & le Public toute l’utilité qu’il pouvoit en atten-
dre.

C’étoient deux vûes que M. Fagon avoit tellement à cœur,
que dans des tems difficiles, où les beſoins de la guerre ne
lui permettoient pas de ſe rendre importun par des deman-
des à contre-tems, il ſacrifioit ſes propres fonds pour l’en-
tretien de ce Jardin, pour la conſervation des Plantes étran-
geres, & pour l’acquiſition de certaines qui ne pouvoient
de leurs lieux natals ſe tranſporter ici qu’à grands frais.

Je croirois beaucoup dérober à ſa gloire, ſi j’oubliois l’at-

(*a*) M. Fagon fut Medecin de la Maiſon du Roy en 1668, Premier Medecin de
Madame la Dauphine en 1680, de la Reine quelque temps après, & du Roy en 1693.

(*b*) Elemens de Botanique, ou Methode pour connoître les Plantes, par M. Pitton
Tournefort de l’Academie Royale des Sciences, & Profeſſeur en Botanique au Jardin
Royal. A Paris de l’Imprimerie Royale, 1694. *in* 8°. 3 volumes.

*Joſephi Pitton Tournefort, Aquiſextienſis, Doctoris Medici Pariſienſis, Regiæ
Scientiarum Academiæ Socii, & in horto Regio Botanices Profeſſoris Inſtitutiones
Rei Herbariæ. Editio altera, Gallicâ longè auctior. Pariſiis è Typographiâ Regiâ.*
1700. *in* 4°. 3 volumes.

tention qu'il a jointe à tant de soins, pour discerner parmi tous les sujets (*a*) de la France, ceux qu'il jugeoit plus capables de remplir ici les places qu'il y avoit lui-même si dignement occupées. Quoique leur modestie, & peut-être même leur presence, me défende de les nommer, vous ne laissez pas, Messieurs, de les distinguer chacun par les caractères sur lesquels font fondez leur merite & leur réputation. Je ne dois l'avantage que j'ai de me trouver parmi eux, qu'à une inclination naturelle, qui a fait concevoir en ma faveur des esperances ausquelles il me reste à répondre.

Mais qu'étoit-il besoin que je m'étendisse sur les obligations qu'a le Public à cet illustre Surintendant ? La magnificence qui regne encore dans ce Jardin, la rareté des tresors qu'il renferme, & le bon ordre qui s'y maintient, vous en disent plus que je ne pourrois faire.

Quel agrément de pouvoir dans un espace si borné, voir tout d'un coup ce que l'ancien & le nouveau Monde ont de

---

(*a*) M. Saint-Yon, Docteur en Medecine de la Faculté de Paris, commis pour enseigner la Chymie au Jardin Royal ;

M. Berger, Medecin de la Faculté, & de l'Academie Royale des Sciences, lui succeda, & mourut au mois de May 1718.

Et après lui M. Geoffroy, aussi Medecin de la Faculté, Professeur en Medecine au College Royal, & l'un des Chymistes de l'Academie Royale des Sciences, qui, de survivancier qu'il avoit été choisi à M. Fagon, en la place de Professeur de Chymie, en est aujourd'hui si digne titulaire.

Mrs Bolduc pere & fils, celebres Apoticaires, l'un de Son Altesse Royale Madame, & l'autre du Corps du Roy, tous deux Chymistes de l'Academie Royale des Sciences, ont travaillé successivement aux Operations de Chymie & de Pharmacie qui se démontrent au Jardin du Roy.

M. Danti d'Isnard de Paris, Docteur en Medecine, l'un des Botanistes de l'Academie Royale des Sciences, fut nommé en 1709 par M. Fagon, après la mort de M. Tournefort, pour Démonstrateur des Plantes, & Professeur de l'Explication de leurs vertus ; fonctions dont sa santé ne lui permit de s'acquitter qu'une année. Antoine de Jussieu, natif de Lyon, Docteur en Medecine des Facultez de Montpelier & de Paris, lui a succedé la même année.

M. Vaillant, du Bourg de Vigni près Pontoise, M. Fagon se l'étoit choisi pour Secretaire à cause de la parfaite connoissance des Plantes dans laquelle il excelle plus que qui que ce soit, il a succedé au Jardin Royal à M. Fagon même dans la place de sous-Démonstrateur, dont il remplit les fonctions depuis près de douze ans.

M. Aubriet de Châlons en Champagne, Peintre du Cabinet du Roy, celebre par les desseins anatomiques des fleurs & des fruits de differens genres de Plantes qui composent les deux derniers Volumes des Elemens de Botanique François & Latins de M. Tournefort, & par les peintures de Plantes, d'animaux, & de coquilles qu'il a faites pour le Roy, en mignature sur le velin, d'après le naturel, pour continuer l'Ouvrage commencé de l'ordre de Son Altesse Royale Gaston Duc d'Orleans, par le fameux Robert qui étoit Dessinateur & Peintre ordinaire de Son Altesse. Cet Ouvrage, qui est à present à la Bibliotheque du Roy, contient déja plus de quarante Porte-feuilles ou Volumes in folio.

plus fingulier dans le regne des Vegetaux ; de pouvoir dans un inftant comparer l'état imparfait de la Botanique des Anciens , avec celui auquel nous le voyons aujourd'hui ; d'avoir la facilité de connoître fur le champ tant de Plantes, qu'il a falu aller chercher au-delà des mers , fur les montagnes les plus élevées, parmi les rochers les plus efcarpez , dans les antres les plus affreux , & au milieu des forêts les plus defertes ; de profiter fans peine des découvertes qui ont couté tant de fueurs, de travaux & de dépenfes aux Voyageurs ; & de pouvoir diftinguer d'un coup d'œil dans un même parterre , toutes les richeffes qui font la gloire de chaque Nation.

Jamais le Phyficien a-t-il eu plus de commodité d'obferver ce que la Nature a de plus curieux fur la vegetation des Plantes , fur cette ftructure admirable, & fi variée de la plûpart de leurs fleurs & de leurs fruits , fur cette induftrie qu'elle employe pour en conferver l'efpece , & fur cette varieté de moyens dont elle fe fert pour les multiplier & les perpetuer.

Mais ne nous trompons point , MESSIEURS, dans le but des Exercices que j'ai l'honneur de commencer aujourd'hui? Vous avez vû les motifs qui porterent Louis XIII. à leur établiffement ; vous vous fouvenez de ceux dont on fe fervoit pour exciter la liberalité de Louis XIV, la fanté & l'utilité publique: motifs que nous ne devons jamais perdre de vûe dans l'Emploi où nous fommes.

Ce feroit vous faire un larcin du tems fi court que nous donne la faifon pour vous démontrer les Plantes en état , que de l'employer à ces obfervations curieufes qui font un des fruits de la précifion & de la fagacité du fiecle où nous vivons. Ce détail , qui pour chaque Plante en particulier demanderoit un appareil de préparations de leurs parties, de fecours d'inftrumens d'optique dont il feroit impoffible de rendre l'ufage & les experiences communes à tant de monde , & aufquelles des années entieres pourroient à peine fuffire, n'eft pas la deftination d'un cours de fix femaines.

La Critique des Auteurs de Botanique , la comparaifon des Anciens & des Modernes touchant la dénomination de chaque Plante , & l'erreur des uns ou des autres dans la description ou dans l'application des synonimes , semble-roient aussi consommer, sans aucun avantage apparent, un espace de tems si limité.

Les bornes que sa brieveté, que l'intention du Roy, que l'utilité publique, & que la qualité de la partie la plus nombreuse de l'Auditoire paroissent nous prescrire , sont des moyens de connoître le plus facilement & le plus sûrement qu'il est possible, toutes sortes de Plantes par leurs caracteres les plus essentiels, qui dépendent, pour la plûpart, d'un examen des fleurs & des fruits, dont l'illustre Professeur, duquel je tiens ici la place, a fait un usage d'autant plus utile, qu'il a depuis servi de regle pour former & perfectionner tant de Botanistes.

Quelque raison que j'eusse de borner mes Démonstrations au petit nombre des seules Plantes usuelles, je ne croi pas qu'en vous indiquant en même tems celles dont les usages ne nous sont point encore connus, ce soit m'écarter de mon but principal , puisque comme celles-ci ont tant de ressemblance avec celles-là , que les plus habiles ont peine à ne s'y pas méprendre, il est necessaire de vous les démontrer toutes ensemble, pour que vous puissiez les mieux distinguer par les marques en quoi elles different.

Une précaution même très sage de l'Instituteur de ces Exercices , a été de les entremêler d'herborisations à la campagne, non pas tant pour vous faire remarquer la difference que la culture ajoûte à certaines Plantes , que pour vous affermir dans la connoissance que vous aurez acquise au Jardin, par l'habitude de les distinguer dans la confusion où elles naissent à la campagne.

Cependant comme ces Démonstrations auroient été fort imparfaites, si elles se fussent terminées par la simple connoissance, & qu'il auroit peu servi au plus habile des Eleves, instruit dans ce Jardin, de sçavoir nommer sans hésiter les Plantes de tous les pays, d'en discerner sûrement les classes, les genres & les especes, si en même tems il n'en eût connu les vertus & les usages : C'est cette partie si necessaire de la Botanique ; partie qui peut veritablement passer pour la

Botanique pratique & ufuelle, dans laquelle on a plus d'oc-
cafion de s'inftruire ici qu'en aucun endroit du monde, puif-
qu'on l'y fait tous les jours fucceder à chaque Démonftration : J'ofe même dire qu'on le fait d'une maniere bien diffe-
rente de toutes celles dont les Anciens s'en acquittoient.

Ce ne font plus des autoritez de Theophrafte & de Diofcoride, fi fouvent fautives dans l'application, par le doute où
l'on eft fi la Plante, & fi le temps & le cas de s'en fervir font
femblables ; ce ne font plus ces qualitez occultes, ces rai-
fons de fympathie, ces vaines reffemblances des parties ex-
terieures des Plantes avec celles du corps humain ; ce ne
font plus ces principes prétendus découverts par la voye de
l'analyfe, échouée prefqu'auffi-tôt qu'elle a paru ; ce font
de bonnes obfervations, certifiées par un nombre confiderable de Praticiens modernes, celebres & dignes de foi ; ce
font de prudentes inductions tirées du caractere de la ma-
ladie, & de la qualité des Plantes par lefquelles on veut la
combattre ; ce font enfin des comparaifons des vertus des
unes à celles des autres, fondées fur l'uniformité d'odeur
& de faveur, & confirmées par une multitude d'experiences.

Ce feroit ici le lieu d'ajoûter les rapports qu'ont à nos
Leçons les Exercices de Chymie qui leur fuccedent, en
vous les réprefentant comme une autre maniere de connoître, par la décompofition des Plantes, ce qu'elles ont de plus
intime : Mais comme le fçavant Profeffeur (a) chargé de cet
Emploi, ne manquera pas de vous en prouver l'utilité mieux
que je ne fçaurois le faire dans ce Difcours, il ne me refte
qu'à vous témoigner la reconnoiffance que nous devons
avoir pour l'Augufte Prince (b) qui a fi heureufement pré-
venu dans la jeuneffe de notre Monarque le choix que Sa
Majefté auroit fait dans un âge plus avancé, de l'illuftre
Directeur (19) de ce Jardin, non feulement pour y mainte-

(a) M. Geoffroy, Medecin & Profeffeur de Chymie.

(b) Monfeigneur le Regent.

(19) M. Chirac ancien Profeffeur Royal en l'Univerfité de Medecine de Montpelier, Confeiller & Medecin de Son Alteffe Royale Monfeigneur le Duc d'Orleans
Regent ; & après la mort de M. Poirier Premier Medecin de Sa Majefté, nommé par
le Roy Intendant du Jardin Royal, avec les mêmes privileges que les Surintendans
qui l'ont précedé.

nir ce bon ordre qui le rend le plus floriſſant de tous ceux du monde, mais encore afin d'y executer les grands & no‑ bles projets qu'il médite depuis long‑tems pour rendre courte, aiſée, ſûre & uniforme la pratique de la Mede‑ cine.

F I N.

INTRODUCTION

INTRODUCTION
A LA CONNOISSANCE
DES PLANTES.

DEPUIS l'efpace de près d'un fiecle, que l'idée que l'on a conçue de la neceffité de la connoiffance des Plantes, en a rendu l'étude plus floriffante, il n'y a perfonne de ceux qui y ont excellé, qui ne fe foient convaincus de la difficulté de faire du progrès dans cette Science, fans une méthode qui la reduisît à des principes certains.

On comprend bien que cette méthode ne peut être que le fruit d'un nombre prodigieux d'obfervations, confirmées les unes par les autres, & redigées dans un ordre naturel.

Et ce feroit proprement ici le lieu d'examiner quelle eft celle d'entre toutes les méthodes que divers Auteurs ont inventées, que l'on doit fuivre préferablement : Mais comme ce feroit entrer dans une difcuffion qui nous meneroit fort loin, il me fuffit de vous dire, que la plus parfaite des méthodes devant être celle dont les regles feront les plus fimples, & les plus invariables, il n'y en a point de mieux marquée à ce caractere, que celle qui nous

INTRODUCTIO
AD REM HERBARIAM.

CENTUM *ab hinc annis quibus Botanices ftudii neceffitas magis innotuit, huic fcientiæ abfque certâ quadam methodo utilem operam navare difficile negotium peritis hac in re femper vifum eft.*

Methodi nomine, nihil aliud quam argumenta ab innumerarum obfervationum confenfu, ac ordine petita, intelligimus.

Quæ verò ex multiplicibus propofitis nuper methodis præftantior, perpendere hic locus effet, fed ne ampliorem quam occafio poftulat difquifitioni contentiofæ campum aperiam; jam conftet inter nos, deincepfque ratum fit, accuratiorem eam fore methodum, quæ facilior; Faciliorem autem quæ canonibus fimplicioribus, immutabilioribufque obfervationibus inftituetur Nulla autem magis characteribus his gaudet methodus quam, quæ à diverfæ florum ac fructuum

C

apprend à connoître les Plantes par leurs fleurs & par leurs fruits.

Nous entendons par fleurs, ce composé de parties appellées dans les Plantes *Etamine*, & *Pistile*, servant à leur multiplication ; & nous ne regardons ces feuilles colorées qui environnent ces parties, que comme des envelopes propres à leur conservation ; envelopes qui, pour les distinguer des feuilles de la Plante, se nomment en langage de Botaniste, *Petales.*

La division la plus generale des fleurs est en fleurs simples, c'est à dire, formées par des etamines & des pistiles seulement ; & en composées, c'est à dire, en fleurs dont les étamines, & les pistiles sont environnez de petales.

De ces fleurs simples, qu'on appelle à étamines, les unes sont fecondes, & les autres stériles. Celles qui sont fecondes portent au milieu de leurs étamines un pistile, partie qui fait dans la Plante la même fonction que la matrice dans les animaux, & qui se change en fruit comme dans le Frêne, & dans le Caroubier.

J'appelle stériles, celles qui n'ayant point de pistile, mais seulement des étamines, lesquelles tiennent lieu des parties masculines, ne noüent jamais pour donner du fruit ; telles sont dans les arbres les fausses fleurs qui

structuræ investigatione pendet.

Quod ex staminibus & pistillo constat, ad Plantæ generationem multiplicationemque inserviens, id propriè flos dici debet ; colorata verò folia quibus ambiuntur flores, nonnisi involucra ad conservationem eorum apta spectamus ; hæc Botanici nuncuparunt Petala, ut à foliis distinguantur.

Generalius ergò flores dividantur in simplices, ex staminibus scilicet & pistillo tantùm constantes, & in compositos, id est, ex staminibus & pistillo petalis involutos.

Simplices inter, seu stamineos alii fœcundi, alii steriles observantur. Fœcundi staminum in medio pistillum ferunt, partem apud Plantas uteri animalium vices agentem, & in fructum abeuntem, ut in Fraxino, & Siliquà eduli.

Steriles dicimus eos qui pistillo carentes staminibus tantùm masculinorum testium instar donantur, nec nodantur unquam, ut in fructum desinant, quemadmodum iuli in quibusdam arboribus.

`tombent , & que l'on nomme chatons.

Les fleurs compofées, c'eſt à dire, qui ont pour envelopes des petales, font ou d'une, ou de pluſieurs pieces, ce qui les a fait appeller Monopetales, & Polipetales.

C'eſt de la configuration regulie-re, ou irreguliere de ces petales que je tire encore la diviſion de pluſieurs claſſes, dont la con-noiſſance me conduit facilement à celle des genres.

Car les Monopetales regulie-res font ouvertes ou en cloche, comme dans les Liſerons, ou en entonoir, comme dans la Buglo-ſe, ou en roſette, comme dans la Bourrache, & dans la Morelle.

Les Monopetales irregulieres font formées en gueule, comme dans la Sauge, dans l'Hyſope, & le Romarin; en maſque, comme dans l'Euphraiſe, & le Mufle de Veau.

Parmi les Polipetales, les re-gulieres font, ou à deux pieces, comme dans le Circea, ou à qua-tre, comme dans le Giroflier, diſpoſition qui leur a fait donner le nom de fleurs en croix; ou ces pieces y font au nombre de cinq,

Compoſiti flores, ſeu Petalodes, alii unico, alii pluribus circumdan-tur petalis, unde illi Monopetalo-rum, hi verò Polypetalorum nomi-na ſortiuntur.

Ex Petalorum formà regulari vel irregulari, claſſes varias con-ſtituemus, quarum notitiâ facilè ad generum cognitionem deduce-mur.

Flores namque Monopetali re-gulares, vel campanæ formam refe-runt, ut in Convolvulo, Campanula, Lilio convallium; tuncque Campa-niformes audiunt. Vel infundibu-lum æmulantur, ut in Bugloſſo, & in Primulà veris, unde Infundibuli-formes vocantur. Vel rotulæ figu-ram imitantur, velut in Borragine, Solano, hincque Rotati dici poſſunt.

Monopetali irregulares, vel oris aperti labia repræſentant, ut in Sal-viâ, Hyſſopo, Rorcmarino, &c. & tunc Labiatos appellant, vel quid larvæ aut galeæ ſimile habent, ſi-cuti in Euphraſià, Antirrhino, &c. quod iis Perſonatorum titulum in-didit.

Inter flores Polypetalos qui regu-lares ſunt; aut duobus petalis, ut in Circæâ; aut quatuor, ut in Leu-coio, conſtant, hique quod crucem imitantur, Cruciformium nomen ob-tinuerunt; ſin ex quinque petalis coaleſcant, ut in Fœniculo, Dauco,

comme dans le Fenouil, (claſſe qui porte le nom d *Umbelliere*, parceque ſes fleurs ſont ramaſſées par bouquets en paraſſol); ou elles ſont à ſix pieces, comme dans le Lys blanc, ce qui a donné lieu d'appeller fleurs en Lys celles de cette claſſe.

De quelque quantité, égale ou inegale, qu'elles puiſſent ſurpaſſer celle de ſix pieces, elles forment une autre claſſe de fleurs Polipetales, ou fleurs en Roſe, dans laquelle ſe rangent toutes celles qui quoique du nombre de trois, quatre, cinq & ſix pieces, different neanmoins tellement, par leurs fruits, de celles de ces claſſes ſuperieures, qu'on a été obligé de les en ſeparer; telle eſt la fleur du Plantain d'eau, qui nonobſtant qu'elle ſoit à trois pieces ſeulement, par le rapport neanmoins de ſa ſemence avec celle des Renoncules, ſe range dans cette derniere claſſe; telle eſt la fleur de la Tormentille, qui quoiqu'elle ſoit à quatre pieces, ne peut, à cauſe de ſon fruit different des ſiliques, & ſilicules des fleurs en croix, être placée parmi elles; tel eſt l'Oeillet, qui quoiqu'à cinq pieces, ſe met cependant hors de la claſſe des Umbelliferes, parceque ſon fruit ne ſe diviſe pas en deux parties; telle eſt la fleur de quelques Renoncules, de la Joubarbe, & des

Paſtinaca, **Plantarum Umbelliferarum** *claſſem conſtituunt, ſic dictarum quod faſciculis ſuis umbellam referant. E ſex petalis rite ut in Lilio albo ordinatis, Liliaceorum claſſis exurgit.*

Quivis autem occurrat petalorum numerus ſenarium in flore ſuperans, claſſem componet florum Polypetalorum, qui & Roſacei dicuntur à Roſà, cui claſſi ii adſcribentur, qui licet tribus, quatuor, quinque aut ſex petalis conſtant, ſic tamen fructus figurà differunt à ſuperioribus, ut ex eorum claſſibus ſegregari debuerint. Talis eſt Plantaginis aquaticæ flos qui quamvis tripetalus, ſeminis tamen figurà Ranunculis in noviſſimà hac Polypetalorum claſſe adjungitur: Talis eſt Tormentillæ flos qui licet tetrapetalus à cruciformibus ſejungitur, quod fructum non gerat nec ſiliquoſum, nec ſiliculoſum. Talis eſt Caryophyllus, qui licet pentapetalus, ex Umbelliferarum claſſe exulat, & huic accenſetur, quod fructus ejus nec bifariam dehiſcat, nec flores umbellatos ferat: Tales denique Ranunculorum quorumdam, Sedorum, Anemonumque flores qui quamvis hexapetali, cum in tricapſulares fructus numquam abeant, ab hexapetalorum ſeu Liliaceorum claſſe arcentur.

Anemones, qui quoiqu'à ſix petales, ne donne jamais des fruits divisez en trois loges comme ceux des fleurs en Lys, & ne peut par conséquent appartenir à cette classe.

Les Polipetales irregulieres sont ainsi appellées, à cause de la figure, ou de la disposition bisarre de leurs petales, en quelque nombre qu'ils puissent être, telles que celles de deux pieces ressemblant à des mufles, comme dans la Fumeterre, ou celles de cinq pieces ressemblant à des Papillons, communes à toutes les Plantes legumineuses.

Quoique toutes sortes de fleurs puissent à la rigueur être rangées sous l'une de ces divisions, il y en a neanmoins certaines, qui participant des caracteres propres aux unes & aux autres de ces mêmes divisions, demandent que pour un ordre plus clair, on ne les y rapporte pas.

Celles-ci comprendront les classes de fleurs à demi fleurons comme dans le Pissenlit; de celles à fleurons, comme dans le Bluet; de fleurs radiées, c'est à dire composées de fleurons & de demi fleurons, comme dans l'Aunée; & de celles dont le calice sert d'envelope immédiate aux semences.

Nous appellons calice, cette partie exterieure de la fleur qui soutient ses petales, & cette même partie exterieure de la fleur tient lieu quelquefois elle-même de petales, dans des fleurs qui n'en ont point, & alors celles-ci

Flores Polypetali irregulares hoc donantur titulo, vel propter petalorum, quotus fuerit eorum numerus, inordinatum situm; vel propter eorum figuram insolentem, quales bipetali Labiatis Personatisve similes, ut in Fumariá; quales pentapetali Papilionaceorum seu Leguminosorum figuram referentes.

Quamvis florum omne genus sub harum divisionum alterutrá collocari strictè queat, sunt tamen nonnulli qui, ex eo quod characterum pluribus communium simul participes sint, clarioris ordinis ergò, ad neutram illorum referuntur, ac peculiare divisionis membrum constituunt.

Ex istis igitur exurgent classes semiflosculosorum, ut in Dente Leonis, Scorzonerá; Flosculosorum ut in Cyano segetum, Cinará; Radiatorum, qui & ex semiflosculis, & ex flosculis coalescunt, ut in Enula Campaná & Asteribus; & Apetalorum quorum calyx proximè semen involvit.

Calyx est ea floris pars exterior quæ petala sustentat, & quandoque petalorum locum tenet, in floribus Apetalis, qui à petaloidibus distinguntur usu calycis peculiari, in seminis capsulam, aut involucrum facessentis, ut in Fagopyro,

ne font diſtinguées des premie-
res, que par l'uſage particulier
de leur calice qui ſert d'envelope
immédiate à la ſemence, comme
dans le Bled noir ou Sarrazin,
dans la Biſtorte, & dans l'Ozeille.

Après l'examen des fleurs, ſur
lequel les diviſions les plus gene-
rales de Plantes en claſſes ſont
établies, l'examen du fruit &
des ſemences doit ſuivre, comme
étant les ſecondes parties les plus
invariables de la Plante.

Les ſemences qui ſont les parties qui ſervent particulierement
à la reproduction de l'eſpece de
la Plante, ont chacune une envelope propre, & ſont regardées
dans cet état préciſément comme ſemences.

Mais lorſqu'elles ſe trouvent
enfermées dans une envelope
commune, ſoit que cette envelope ſoit membraneuſe, comme
les ſiliques, & les ſilicules du Giroflier, & du Cochlearia ; ſoit
qu'elle ſoit en partie membraneuſe, & en partie charnue, comme les gouſſes des Legumes ; ſoit
qu'elle ſoit preſque toute charnue, comme les Pommes, les Poi-
res, & les Citrouilles ; ſoit qu'elle
ſoit pleine de ſuc, comme le Rai-
ſin, & la Groſeille, le compoſé
de cette envelope commune, &
des ſemences qu'elle enferme,
eſt proprement appellé fruit.

Ce fruit ſe forme ou de la baſe
du piſtile qui occupe le centre de

Biſtortâ & Acetoſâ obſervatur.

*Inveſtigationem florum ex quo-
rum magis ſpecialibus figuris Plantarum claſſes derivantur, ſtatim
excipit fructuum ſeminumque tan-
quam immutabiliorum in ſtirpibus
partium indagatio.*

*Semina propriè vocamus Plan-
tarum partes generationi ac multi-
plicationi earum imprimis dicatas,
& proprio tegumento involutas.*

*Cùm verò communi includuntur
involucro, ſive hoc ſit membranaceum, ut ſiliquæ in Leucoio, & ſi-
liculæ in Cochleariâ ; ſive partim
membranaceum ſit, partimque carnoſum, ut in Leguminum ſiliquis ;
ſive totum ferè ſit carnoſum, ut in
Malo, Pyro, & Citrullis ; ſive ſucco
turgeat, ut in Uvâ, & Groſſulariâ ;
quidquid ex hoc communi involucro
ſeminibuſque in eo concluſis exurgit, propriè fructus eſt.*

*Fructus autem quilibet formatur
aut ex baſi piſtilli floris interiora*

la fleur, & s'étend quelquefois jufqu'à la partie exterieure qui lui fert de calice & de pedicule; ou il eft formé de toute la longueur de ce même piftile, ou feulement de fon extrémite fuperieure.

C'eft de la difference des figures, de la confiftance, & de la fituation de ces femences, & du fruit, que fe tire la diverfité des genres de Plantes que nous etabliffons dans chaque claffe de fleurs; & lorfque dans quelques-unes de ces claffes, ces deux parties fe trouvent avoir tant de reffemblance entr'elles, qu'on a peine à en diftinguer les genres, c'eft à la figure, & à la confiftance des racines, & quelquefois même à la difpofition des feuilles qu'il faut avoir recours, pour mieux caracterifer chaque genre; ce qui doit neanmoins fe faire le plus rarement qu'il eft poffible, pour ne pas trop refferrer les bornes des caracteres des genres, qui doivent être toujours generaux.

Des differentes combinaifons de la figure, de la grandeur, de la confiftance, de la couleur, de l'odeur, de la faveur de chacune des parties des Plantes en particulier, de la fituation relative de ces parties entr'elles, & de leur durée, fe tire le nombre infini d'efpeces connues, ou à connoître, que nous rangeons chacunes fous les genres aufquels elles appartiennent.

Ce font là les regles par lefquelles on peut acquerir très

occupante, aut ex eàdem bafi ad calycem, & ad pediculum floris ufque exterius producta, aut ex totà ipfius piftilli longitudine, aut ex fupernà ipfius extremitate.

Ex figurarum, confiftentia, & fitùs varietate in feminibus fructibufque obfervatà, varia oriuntur Plantarum genera cuique florum claffi fubordinata; fi verò nonnumquam tanta occurrat florum, fructuum, feminumque fimilitudo, ut vix genus unum ab alio fecerni queat, tunc radicum figuræ & confiftentiæ, quin & foliorum quandoque difpofitionis ratio habenda erit, rarius tamen ne arctius conftringantur generum characteres qui univerfales effe debent.

Ex varià denique fingularum cujufvis Plantæ partium figurà, magnitudine, confiftentià, colore, odore, fapore, fitu mutuo, & perennitate, infinitæ deducuntur fpecies jam cognitæ, vel cognofcendæ, quas fingulis ad quæ pertinent generibus, fubjicimus.

Tam facilia ad affequendam Plantarum notitiam videntur hæc

facilement une connoiſſance qui a été ſi long-tems imparfaite : Regles que les termes vulgaires de Cloches, d'Entonoir, de Roüe, de Croix, de Paraſſol, dont on tire des reſſemblances, ne doivent pas faire mepriſer, puiſque l'on n'a pû encore trouver de voye plus ſûre pour imprimer fortement les idées des choſes dont on veut donner la connoiſſance, que celle qui les fait entrer dans la memoire par les ſignes les plus marquez qu'elle puiſſe expoſer aux yeux.

Voilà le point de progrès où la Botanique eſt parvenue. Ce n'eſt pas qu'il n'y reſte encore beaucoup à faire pour perfectionner une méthode. Mais comme c'eſt aux Obſervations faites en divers Voyages aux Pays Etrangers, que nous devons la plus grande partie de

elementa, ut vel rudiores canonum horumce auxilio, Rei herbariæ cognitionem ut & difficillimam, nullo ferè negotio comparare poſſint.

Nec quis improbet quod à tam vulgarium rerum, ut Campanarum, Inſundibulorum, Rotarum, Crucium, Umbellarumque ſimilitudine ipſa petantur elementa, cum nulla ſit expeditior via ad inculcandas animis rerum ideas, quam quæ illas rerum maximè obviarum ſpecie oculis ſubjicit.

Eò uſque hactenus progreſſa eſt Botanice, longè ulterius progreſſura antequam perfectiſſima evadat; ſed cùm quidquid eſt in eâ certi, innumeris Botanophilorum Obſervationibus innitatur, ſpes eſt ut hujus methodi ope, novis deinceps inventis multò magis locupletetur.

l'état de perfection de celle-ci, nous avons tout lieu d'en eſperer un plus grand des découvertes qui s'y feront dorénavant, par le moyen des regles qui ſe trouvent à preſent établies.

EXTRAIT DES REGISTRES DE L'ACADEMIE ROYALE
DES SCIENCES.
Du 28 Juin 1718.

MEssieurs de Reaumur & Geoffroy, qui avoient été nommez pour examiner deux Diſcours de M. de Juſſieu, l'un intitulé, *Le Progrés de la Botanique au Jardin Royal des Plantes* ; l'autre, *Introduction à la Botanique*, ont dit qu'ils ont cru que l'Impreſſion en ſeroit agréable, & utile au Public : En foi de quoi j'ai ſigné le preſent Certificat. A Paris ce 29 juin 1718.

FONTENELLE,

Sec. perp. de l'Ac. Roy. des Sc.

JE ſouſſigné, en conſequence du Privilege qui m'a été accordé par Meſſieurs de l'Academie Royale des Sciences, conſens que M. Ganeau imprime les deux Diſcours ci-deſſus mentionnez, qui ont été approuvez par ladite Academie. A Paris ce 9 Juillet 1718. **RIGAUD.**